A. Y. A. Ahmed
Ali Marouf

Investigações espectroscópicas de folhas fermentadas secas de Cassia Obtusif

A. Y. A. Ahmed
Ali Marouf

Investigações espectroscópicas de folhas fermentadas secas de Cassia Obtusif

ScienciaScripts

Imprint
Any brand names and product names mentioned in this book are subject to trademark, brand or patent protection and are trademarks or registered trademarks of their respective holders. The use of brand names, product names, common names, trade names, product descriptions etc. even without a particular marking in this work is in no way to be construed to mean that such names may be regarded as unrestricted in respect of trademark and brand protection legislation and could thus be used by anyone.

Cover image: www.ingimage.com

This book is a translation from the original published under ISBN 978-620-2-08043-9.

Publisher:
Sciencia Scripts
is a trademark of
Dodo Books Indian Ocean Ltd. and OmniScriptum S.R.L publishing group

120 High Road, East Finchley, London, N2 9ED, United Kingdom
Str. Armeneasca 28/1, office 1, Chisinau MD-2012, Republic of Moldova, Europe
Printed at: see last page
ISBN: 978-620-7-95693-7

ÍNDICE DE CONTEÚDOS

DEDICAÇÃO

Para a minha família
Pelo seu amor eterno, carinho, esperança e dedicação
Pela sua paciência e perseverança
Assegurando-me todo o sucesso.

Aos meus leais professores,

Passado, presente e futuro.

A todos os meus amigos.

Com amor e respeito

abdómen

Agradecimentos

Em primeiro lugar, gostaria de agradecer a Alá, com cuja vontade este trabalho foi concluído. Em seguida, gostaria de expressar os meus sinceros agradecimentos e gratidão ao Dr. Ali Abdu Elrahman Marouf pela sua amável supervisão, aconselhamento e orientação ao longo do meu estudo. Gostaria também de agradecer a todos os meus professores e membros do Departamento de Ciências Físicas, pelo seu constante encorajamento e ajuda ilimitada. Estou também em dívida e grato a todos os meus pagamentos, que têm trabalhado arduamente e feito um esforço imenso para obter os melhores resultados.

Resumo

As folhas de *Cassia obtusifolia*, depois de fermentadas e secas, são vulgarmente conhecidas por Kawal. As folhas fermentadas de Cassia obtusifolia são utilizadas como substituto da carne pelas populações do leste do Chade e do oeste do Sudão. Neste estudo, o kawal foi obtido em pó em Forbranga, no oeste de Darfour. O objetivo deste estudo foi identificar as composições químicas do Kawal. Foram utilizados os métodos do espetro FTIR e do espetrofotómetro de absorção atómica. No FTIR experimental, a amostra foi utilizada como pó seco. No caso da absorção atómica e do plasma indutivamente acoplado, a amostra foi utilizada depois de combinada para extrair os minerais (K, P, Na, Mg, Ca, Zn e Fe).
No método FTIR, as investigações mostraram que a cassia obtusifolia fermentada (Kawal) é constituída por vários tipos de grupos moleculares: halogeneto de alquilo, alceno, função nitro, aromático, carbonilo, álcool, ésteres, éter e andamidas ácidas.

Os minerais foram extraídos das amostras pelo método de espetroscopia de plasma indutivamente acoplado: Cerca de 2,50% foi encontrada a presença de cálcio e os outros minerais como: Mg 0,66%, P 0,393%, Na 0,165% e K cerca de 1,595%. e para extrair os minerais Ferro (Fe) e Zinco (Zn) das folhas de cássia fermentadas foi utilizado o espetrofotómetro de absorção atómica e verificou-se que o Zn era 0,665mg/L e o Fe consistia no valor 15,6411mg/L.

Capítulo I
Introdução e revisão da literatura

1-1- Introdução

A Cassia obtusifolia (família das leguminosas) é uma planta selvagem africana que se encontra em terrenos baldios durante a estação das chuvas. As suas folhas podem ser fermentadas (denominadas kawal) e são utilizadas pelas populações da parte ocidental do Sudão e da parte oriental do Chade como substituto ou extensor de carne. O papel do kawal e similares consiste em fornecer os molhos que tornam estes alimentos básicos palatáveis. Durante os anos de fome, o kawal, uma fonte de proteínas, protegeu provavelmente muitas crianças contra o kwashiorkor. Na altura, tal como hoje, o kawal era evitado pela elite, que o considerava impróprio para a vida social moderna devido ao seu odor repugnante e fétido que se prolonga nos dedos durante horas (algadi e yousif 2015).

Algadi e yousif, (2015) estudaram os factores anti-nutricionais das folhas verdes de cassia obtusifolia e kawal (as folhas secas fermentadas). Estudaram o efeito da fermentação nos factores antinutricionais de ambas as amostras. Verificaram que a digestibilidade proteica in vitro aumentou de 49,43 para 61,87%, enquanto a técnica utilizada foi o método de Wheeler e Ferrel. Utilizaram os mesmos passos para o fabrico do kawal, tal como explicado na introdução. As suas amostras eram as seguintes

Nuha, Isam e Alfadil, (2010) estudaram as alterações na composição química, anti-nutrientes e minerais extraíveis das folhas de cássia, kawal e cozedura. As suas amostras eram um pó seco. Verificaram que os teores de proteínas e cinzas aumentaram após a cozedura, a energia total de ambas as amostras diminuiu após o processo de fermentação e a cozedura também, os factores antinutricionais (tanino, fitato, polifenóis totais) também diminuíram nas amostras criadas e o total de minerais principais aumentou. Polifenóis totais utilizando o método do espetrofotómetro por Price e Bulter (1977), composição mineral por Chapman e Pratt (1982) e extractibilidade HCL utilizando Chauhan e Mahjan (1988).

Mutasim Othman (2004) avaliou o efeito da fermentação na qualidade nutricional da cassia obtusifolia e do kawal (composição química, fracções proteicas, digestibilidade proteica in vitro, teor de aminoácidos, teor de minerais, ácido fítico, taninos e polifenóis totais das folhas de cassia). Em seguida, verificou-se que as alterações estavam a chegar:

O teor de gordura aumentou de 3,50 para 4,50%, o teor de proteínas de 24,81 para 35,13%, o teor de cinzas de 13,67 para 18,00%, a digestibilidade in vitro das proteínas de 49,43 para 61,87% e o teor de fibras diminuiu de 13,04 para 12,90%.O.A.C (1984), teor de gordura pelo método A.O.A.C, determinação do teor de proteínas pela técnica de microkjeldahl, teor de cinzas pela mufla, digestibilidade proteica in vitro segundo o método de Saunder et al (1973), polifenóis totais pelo método Price Butter (1977) e teor de ácido fítico pelo método de Wheeler e Ferrel (1971).

Mbailao e Bessiere (2005) estudaram os componentes químicos do kawal e encontraram ácidos alifáticos que identificaram como ácido hexanóico (27%), ácido butírico (10,4%) e ácido valérico (6,3%) utilizando quantidades de laser de p-etilfenol e p-metilfenol. A fração proteica das folhas é de 20,2% nas folhas brutas e de 12,9% nas folhas fermentadas (kawal). Utilizaram amostras secas e utilizaram cromatografia gasosa e cromatografia gasosa de massa para analisar os voláteis e depois identificaram os constituintes dos voláteis utilizando a comparação dos espectros de massa com compostos autênticos. Para a análise de aminoácidos, hidrolisaram o kawal e as folhas sob vapor de azoto e HCL, utilizando o trabalho de pico-tag. Utilizaram a cromatografia para a análise dos aminoácidos. Os seus resultados quanto aos teores de minerais como o sódio e o potássio foram obtidos utilizando um espetrofotómetro de chama com butano, enquanto que para o cálcio e o magnésio foi utilizado um espetrofotómetro de absorção atómica (spectro-varian 20Bo) e para a determinação do ferro foi utilizado o método do colorímetro.

1-4- O objetivo:

Os objectivos deste estudo foram Estudos espectroscópicos das folhas de Cassia Obtusifolia fermentadas a seco

1-6- Prefácio:

Esta investigação é composta por quatro capítulos. O capítulo um contém a introdução e a revisão da literatura, enquanto o capítulo dois apresenta os fundamentos teóricos e alguns conceitos físicos relativos à espetroscopia, à espetroscopia de infravermelhos e ao kawal fermentado como material. O capítulo três apresenta a parte experimental de um material em pó seco e o método de processamento. Finalmente, no capítulo quatro, são apresentados os resultados e as discussões

Capítulo II

Fundamentação teórica

2-1 Espectroscopia

2-1-1- Radiação electromagnética:

A partir dos estudos de eletricidade, sabe-se que as cargas eléctricas em movimento induzem campos magnéticos e, inversamente, que as alterações do campo magnético criam um campo elétrico. As variações eléctricas vibratórias provocam, portanto, uma variação periódica dos campos electromagnéticos.

A parte visível do espetro eletromagnético é, por definição, a radiação visível ao olho humano. Outros sistemas de deteção revelam radiações para além das regiões visíveis do espetro e estas são classificadas como ondas de rádio, micro-ondas, infravermelhos, ultravioletas, raios X e raios Gama. Estas regiões são ilustradas na figura 1.1, juntamente com os processos envolvidos na interação da radiação destas regiões com a matéria.

A natureza das várias radiações mostradas na figura 1.1 foi interpretada pela teoria clássica de Maxwell da dinâmica electro e magnética - daí o termo radiação electromagnética.

De acordo com esta teoria, a radiação é considerada como dois campos eléctricos e magnéticos mutuamente perpendiculares, oscilando em planos individuais

Em ângulos rectos entre si, estes campos estão em fase e propagam-se como uma onda sinusoidal. A radiação electromagnética era que a velocidade de propagação no vácuo é constante para todas as regiões do espetro e é conhecida como a velocidade da luz c e tem o valor 3x100000000m\s (Helmut Gremlish 2002).

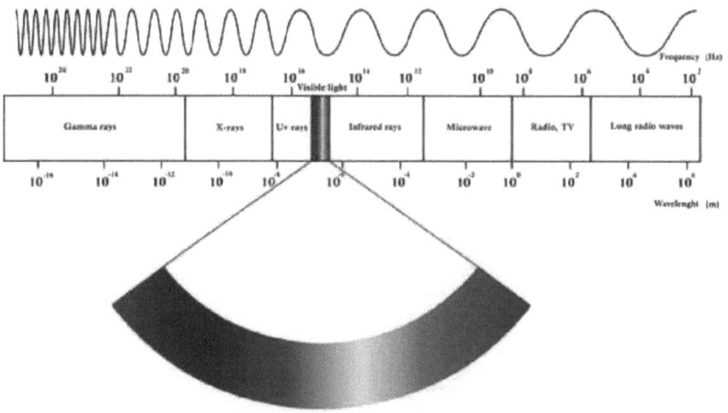

Figura 2.1: Explica as regiões do espetro eletromagnético.

2-1-2- Princípio da espetroscopia atómica:

Quando um feixe de luz policromática é atravessado por um prisma ou uma grelha, divide-se em sete cores diferentes. O conjunto das cores assim obtidas é designado por espetro.

2-1-3- Classificação dos espectros:

Existem duas classes principais de espectros: o espetro de emissão e o espetro de absorção.

Espectro de emissão: quando a luz emitida por uma substância é passada através de um prisma e examinada diretamente com um espetroscópio, o espetro obtido é designado por espetro de emissão. O espetro de emissão também é classificado de acordo com o seu aspeto como linha, banda e espetro contínuo.

-linha ou espetro atómico:

Este espetro é obtido quando a substância emissora de luz se encontra no estado atómico. O espetro de linhas consiste em comprimentos de onda discretos que se estendem ao longo do espetro e é geralmente obtido a partir de fontes de luz.

-espetro de banda:

O espetro de banda surge quando o emissor no estado da molécula é excitado (Hons 2001).

-espetro contínuo:

Quando a fonte emissora de luz é um sólido, um líquido ou um gás incandescente a alta temperatura, o espetro assim obtido é contínuo. Este tipo de espetro forma-se sempre que a matéria de uma massa é aquecida.

Espectro de absorção:

Quando uma luz branca passa através de uma substância absorvente e depois é observada através de um espetroscópio, verifica-se que certas cores desaparecem e que aparecem linhas escuras nos seus lugares, o espetro assim obtido chama-se espetro de absorção, estas linhas ou bandas escuras dependem da natureza do material absorvente (Hons 2001).

Tipos de espetro de absorção:

-Espectro de absorção de linha:

Neste tipo, observam-se linhas escuras nítidas quando a substância absorvente é um vapor ou um gás.

Espectro de absorção de bandas: apresenta-se sob a forma de bandas escuras. Enquanto a terceira é um espetro de absorção de -

-Espectro de absorção contínua, cujo espetro surge quando o material absorvente absorve uma gama contínua de comprimentos de onda.

2-1-4- Gama de frequências IR e apresentação do espetro :

A radiação infravermelha abrange uma secção do espetro eletromagnético com números de onda de cerca de 13 000 a 10 cm, ou comprimentos de onda de 0,78 a 1000 micrómetros. É delimitada pela extremidade vermelha da região visível a altas frequências e pela região das micro-ondas a baixas frequências

As posições de absorção de IV são geralmente apresentadas como número de onda ou comprimento de onda. O número de onda define o número de ondas por unidade de comprimento, pelo que os números de onda são diretamente proporcionais às frequências. Assim como a energia da absorção de IV. Enquanto que os comprimentos de onda são inversamente proporcionais às frequências e à energia que lhes está associada.

2-1-5- Espectro obtido :

O espetro pode ser utilizado para obter informações sobre os níveis de energia dos átomos e das moléculas, as geometrias das moléculas, as ligações químicas, as interacções das moléculas e os processos conexos. Muitas vezes, os espectros são utilizados para identificar os componentes de uma amostra e também para medir a quantidade de materiais numa amostra (Hons 2001).

2-1-6- Espectroscopia atómica:

A espetroscopia atómica explora diferentes transições energéticas experimentadas pelos átomos que estão associadas quer à absorção quer à emissão de fotões. Quando estas transições envolvem a excitação e a relaxação dos electrões da camada de valência dos átomos e iões metálicos, os fotões correspondentes têm energias nas regiões ultravioleta e visível do espetro (Dr. Shardendu Kisala).

a - absorção atómica:

A energia absorvida para mover um eletrão para um nível mais energético e ou a energia emitida quando o eletrão se move para um nível energético menos energético tem a forma de fotão. O comprimento de onda da energia radiante emitida está diretamente relacionado com a transição eletrónica que ocorreu. Uma vez que cada elemento tem uma estrutura eletrónica única, o comprimento de onda da luz emitida é uma propriedade única de cada elemento individual. Como a configuração orbital de um grande átomo pode ser complexa, podem ocorrer muitas transições electrónicas, resultando cada transição na emissão da caraterística da luz.

Se uma luz com o comprimento de onda correto incidir sobre um átomo livre, no estado fundamental, o átomo pode absorver a luz ao entrar num estado excitado, num processo conhecido como absorção atómica.

A absorção atómica mede a quantidade de luz no comprimento de onda ressonante que é absorvida à medida que passa através de uma nuvem de átomos. medida que o número de átomos no trajeto da luz aumenta, a quantidade de luz absorvida aumenta de forma previsível; medindo a quantidade de luz absorvida, pode ser feita uma determinação quantitativa da quantidade do elemento a analisar presente. A utilização de fontes de luz especiais e a seleção cuidadosa do comprimento de onda permitem a determinação quantitativa específica de elementos individuais na presença de outros. A nuvem de átomos necessária para as medições de absorção atómica é produzida fornecendo energia térmica suficiente à amostra para dissociar os componentes químicos em átomos livres (Dr. Shardendu Kisala).

Emissão atómica:

Na emissão atómica, a amostra é submetida a um ambiente térmico de alta energia, de modo a produzir átomos em estado excitado, capazes de emitir luz. A fonte de energia pode ser eléctrica, uma chama ou, mais recentemente, um plasma.

O espetro de emissão de um elemento exposto a uma fonte de energia deste tipo consiste num conjunto de comprimentos de onda de emissão permitidos, normalmente designados por linhas de emissão, devido à natureza discreta dos comprimentos de onda emitidos. Este espetro de emissão pode ser utilizado como uma caraterística única para a identificação qualitativa do elemento.

A emissão atómica utilizando arcos eléctricos tem sido amplamente utilizada na análise qualitativa. As técnicas de emissão podem também ser utilizadas para determinar a quantidade de um elemento presente numa amostra. Para a análise quantitativa, mede-se a intensidade da luz emitida no comprimento de onda do elemento a determinar. A intensidade da emissão neste comprimento de onda será tanto maior quanto maior for o número de átomos do elemento a analisar.

Fluorescência atómica:

Esta técnica incorpora aspectos tanto da absorção atómica como da emissão atómica. Tal como na absorção atómica, os átomos no estado fundamental criados numa chama são excitados fazendo incidir um feixe de luz no vapor atómico. Em seguida, mede-se a emissão resultante do decaimento dos átomos excitados pela fonte de luz. A intensidade desta fluorescência aumenta com o aumento da concentração de átomos, fornecendo a base para a determinação quantitativa.

A lâmpada-fonte para a fluorescência atómica é montada num ângulo em relação ao resto do sistema ótico, de modo a que o detetor de luz veja apenas a fluorescência na chama e não a luz da própria lâmpada. Embora a absorção atómica seja a mais aplicada das três técnicas e ofereça geralmente várias vantagens sobre as outras duas, podem obter-se benefícios particulares com a emissão ou a fluorescência em situações analíticas especiais.

2-1-7- Espectroscopia de massa:

A espetroscopia de massa atómica é semelhante a outros tipos de espetrometria de massa, na medida em que é constituída por uma fonte de iões, um analisador de massa e um detetor.

A identidade dos átomos é determinada pela sua relação massa/carga (analisador de massa) e as suas concentrações são determinadas pelo número de iões detectados.

2-1-8- Origem das linhas espectrais:

Era necessário explicar como se situam os electrões nos átomos e porque é que os átomos são estáveis. A proposta de Bohr de que o eletrão gira em torno do núcleo do átomo com uma energia fixa e numa trajetória fixa, sem emitir nem absorver. O eletrão no átomo de hidrogénio existe apenas em certos níveis definidos. Estes níveis de energia, designados por número quântico principal n, denotados por nível quântico principal n = 1, são os mais próximos do núcleo do átomo e os de mais baixa energia. Quando o eletrão ocupa o nível de energia mais baixo do átomo, diz-se que este se encontra no seu estado fundamental. Um átomo só pode ter um estado fundamental se o eletrão ocupar um dos níveis de energia mais elevados, então o átomo está num estado excitado.

Quando um átomo de hidrogénio gasoso no seu estado fundamental é excitado por uma entrada de energia, o seu eletrão é promovido do nível de energia mais baixo para um de energia mais elevado. O átomo não permanece então excitado, mas reemite energia sob a forma de radiação electromagnética. Isto é o resultado da queda de um eletrão de um nível de energia mais elevado para um de energia mais baixo. Esta transição eletrónica resulta na libertação de um fotão do átomo com uma quantidade de energia (E = h v) igual à diferença de energia dos níveis de energia eletrónica envolvidos na transição. A utilização do prisma permite separar a radiação electromagnética emitida nas suas frequências componentes (comprimentos de onda ou energias), que são depois representadas como linhas espectrais ao longo de uma escala crescente de frequências para formar um espetro de emissão atómica.

2-1-9- Identificação do elemento:

Os níveis de energia dos átomos e dos iões são a chave para a produção e a deteção da luz. Os níveis de energia ou as camadas existentes para os electrões nos átomos e nas moléculas. As cores dos fogos de artifício resultam de saltos de electrões de uma camada para outra. A observação da luz emitida pelos elementos é também uma prova da existência de níveis de energia das camadas e subcamadas. Os tipos de luz que interagem com

Os átomos indicam a diferença de energia entre as camadas e os níveis de energia no modelo da teoria quântica do átomo.

O eletrão excitado continua no átomo mesmo quando está excitado. O eletrão de valência só escapará do átomo se lhe for dada uma quantidade de energia igual à energia de ionização desse átomo.

A energia pode ser adicionada aos átomos de muitas maneiras diferentes. Pode ser sob a forma de luz, de uma descarga eléctrica ou de calor. Esta energia adicional é emitida quando os electrões excitados nos átomos emitem luz e voltam a cair para as camadas inferiores. A luz emitida tem comprimentos de onda e cores que dependem da quantidade de energia originalmente absorvida pelos átomos. Normalmente, cada átomo excitado emite um tipo de luz. Como temos milhares de milhões de átomos, temos milhares de milhões de excitações e emissões.

Todos os átomos de uma amostra absorvem ou são excitados exatamente da mesma forma. Por exemplo, no hidrogénio, o estado fundamental tem o eletrão na camada $n = 1$. O eletrão nos átomos de hidrogénio pode ser excitado para o nível $n = 2$. Outros átomos de hidrogénio podem ter o eletrão excitado no nível $n = 4$. Diferentes elementos emitem diferentes espectros de emissão quando são excitados, porque cada tipo de elemento tem uma única camada de energia ou sistema de níveis de energia. Cada elemento tem um conjunto diferente de cores de emissão porque tem diferentes espaçamentos entre níveis de energia. Nesta volta, veremos os espectros de emissão ou o padrão de comprimentos de onda emitidos por seis elementos diferentes. De seguida, identificaremos um elemento desconhecido comparando a cor do desconhecido com a cor da chama do nosso conhecido (Kisala).

2-1-10- O alcance da radiação infravermelha:

A radiação infravermelha refere-se, em termos gerais, à parte do espetro eletromagnético que se situa entre as regiões do visível e das micro-ondas.

A partir de aplicações de instrumentos e infravermelhos, dividiu-se em:

- a região fotográfica: este intervalo vai do visível até 0,8 μ
- as regiões do infravermelho próximo: as suas gamas vão de 0,8 a 2,5 μ
- as regiões do infravermelho médio: de 2,5 a 15
- as regiões do infravermelho distante: de 15 a 200 μ . (Hons 2001).

2-1-11- Requisitos de absorção da radiação infravermelha:

Para que uma molécula absorva radiação infravermelha tem de cumprir determinados requisitos, como se pode ver abaixo:

a- Comprimento de onda correto da radiação:

uma molécula absorve radiação apenas quando a frequência natural de vibração de alguma parte da molécula é a mesma que a frequência da radiação incidente. Por exemplo, a frequência natural de vibração da molécula de HCL é de cerca de 2890 1/cm. Quando o infravermelho passa através de uma amostra de HCL e a radiação transmitida é analisada por um espetrómetro de infravermelho, observa-se que parte da radiação com frequência de 2890 1/cm foi absorvida pela molécula de HCL, enquanto as restantes frequências de radiação foram transmitidas. Depois de absorver o comprimento de onda correto da radiação, a molécula vibra a uma amplitude maior (Hons 2001).

b-Dipolo elétrico:

A molécula pode absorver a radiação infravermelha e a sua absorção provoca uma alteração do seu dipolo elétrico (momento de dipolo). Quando uma molécula com um dipolo elétrico é mantida num campo elétrico, este exerce forças sobre as cargas eléctricas da molécula. Cargas opostas experimentarão forças em direcções opostas, o que tende a diminuir ou aumentar a separação. Quando os átomos carregados vibram, absorvem a radiação infravermelha da fonte de radiação. Se a taxa de vibração dos átomos carregados na molécula for rápida, a absorção da radiação é intensa e o espetro infravermelho terá bandas de absorção intensas. As moléculas diatómicas simétricas não têm dipolo elétrico, pelo que não podem ser excitadas pela radiação IV (Hons 2001).

2-1-12- Teoria:

A técnica dos infravermelhos baseia-se no simples facto de uma substância química apresentar uma absorção selectiva acentuada na região dos infravermelhos. A frequência ou comprimento de onda de absorção depende das massas relativas dos átomos, das constantes de força das bandas e da geometria dos átomos. Assim, as moléculas da substância química vibram a muitas velocidades de vibração, o que dá origem a bandas de absorção muito próximas (os espectros vibracionais aparecem como bandas e não como linhas, porque uma única mudança de energia vibracional é acompanhada por várias mudanças de energia rotacional). Estarão presentes várias bandas no espetro de IV, que corresponderão aos grupos funcionais característicos e às bandas presentes num composto. Assim, o espetro de IV de uma substância química é uma impressão digital para a sua identificação (Hons 2001).

2-1-13- Origem dos espectros de infravermelhos:

Os electrões contidos nos átomos de uma molécula existem em vários níveis de energia. Quando uma molécula é colocada num campo eletromagnético, ocorre uma transferência de energia do campo eletromagnético para a molécula quando: AE = h v

Onde o primeiro termo é a diferença de energia entre dois estados, h é a constante de Plank e v é a frequência da luz. Quando a molécula é excitada. Absorve energia do estado de menor energia E' para o estado de maior energia E" e emite radiações da mesma frequência quando a molécula reverte do estado de maior energia para o estado de menor energia

AE = E -' E "   no caso da absorção.

$\Delta E = E'' - E'$ no caso da emissão.

A energia absorvida põe uma molécula como um todo a rodar ou a provocar a vibração dos átomos dentro de uma molécula. Os movimentos de vibração e de rotação sobrepõem-se ao movimento cinético da molécula. Não que o movimento translacional seja dissipado sob a forma de calor e não esteja envolvido nos espectros da molécula. Assim, há três mudanças numa molécula:

A primeira é a mudança de energia que ocorre devido à transição de um eletrão de uma órbita para outra, enquanto a segunda é a mudança de energia de rotação da molécula e a terceira é a mudança de energia de vibração do átomo.

A energia necessária para excitar a emissão será menor para as transições rotacionais e maior para as transições vibracionais e ainda maior para as transições electrónicas. Assim, se a energia de excitação for mantida tão pequena que cause apenas a transição de um nível quântico rotacional para outro num dado nível vibracional, os espectros de emissão observados corresponderão a mudanças no número quântico rotacional. Se a energia necessária para a excitação for ainda mais elevada para provocar a transição de um nível quântico vibracional para outro num dado nível eletrónico, observam-se emissões que correspondem a uma alteração do número quântico vibracional, uma vez que a alteração do nível vibracional implica também uma alteração dos níveis rotacionais, pelo que o espetro resultante é designado por espetro vibracional rotacional.

Se forem aplicadas energias ainda mais elevadas, podem ocorrer transições electrónicas que são acompanhadas por mudanças de nível vibracional. Cada mudança de nível vibracional será acompanhada por uma estrutura fina rotacional. O espetro resultante será complexo, constituído por linhas devidas a transições electrónicas, vibracionais e rotacionais. Podemos então dizer que existem três espectros moleculares ou de bandas: espectros rotacionais, espectros vibracionais-rotacionais e espectros de bandas electrónicas (Hons 2001).

2-1-14- Regras de seleção:

A luz infravermelha é absorvida quando o momento de dipolo oscilante devido à vibração da molécula interage com o vetor elétrico oscilante do feixe infravermelho. Para que esta absorção ocorra é necessário que o momento de dipolo num dos extremos da vibração.

A consequência mais importante destas regras de seleção é que, numa molécula (com um centro de simetria), as vibrações que são simétricas em relação ao centro de simetria são inactivas no infravermelho mas activas nos espectros RAMAN, enquanto as vibrações que não são centro-simétricas são activas no infravermelho e geralmente inactivas no RAMAN. Assim, estes dois tipos de espetro são complementares, uma vez que a maioria dos grupos funcionais não são centro-simétricos, esta técnica é mais informativa para a identificação de compostos orgânicos. No estado sólido, as propriedades simétricas de uma molécula podem ser diferentes das de uma molécula isolada (Hons 2001).

2-1-15- Vibrações moleculares:

Existem três tipos de vibração:

a-Vibrações de estiramento: uma vibração de estiramento é um movimento rítmico ao longo do eixo da banda, de tal modo que a distância interatómica aumenta ou diminui. A vibração de estiramento simétrica é inativa no infravermelho, uma vez que não produz qualquer alteração no momento de dipolo da molécula. As vibrações de estiramento são de dois tipos: O primeiro é o alongamento simétrico: quando o alongamento e a compressão ocorrem de forma simétrica. Enquanto o segundo é assimétrico: acontece quando uma banda se comprime e a outra se estica (Hons 2001).

b- Vibrações de flexão ou deformação:

A vibração de flexão consiste numa alteração dos ângulos de banda entre bandas com um átomo comum. Ou o movimento de um grupo de átomos em relação ao resto da molécula sem movimento dos átomos do grupo. As vibrações de flexão são de quatro tipos:

-Scissoring: dois átomos unidos a um átomo central aproximam-se e afastam-se um do outro com a deformação do ângulo de valência.

-Rocking: a unidade de estrutura oscila para a frente e para trás no plano da molécula.

-Agitação: a unidade estrutural oscila para a frente e para trás fora do plano da molécula.

-Torção: aqui as unidades estruturais giram em torno da banda que se junta ao resto da molécula (Hons 2001).

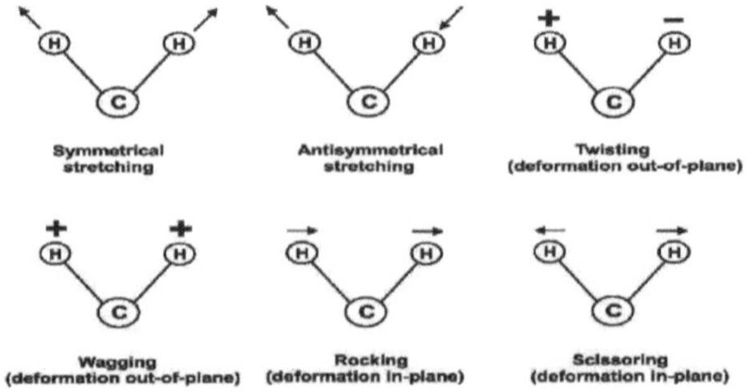

Figura 2.2: mostra os tipos de vibrações

2-1-16- instrumentação:

Nesta secção são considerados três tipos distintos de instrumentos utilizados na espetroscopia de absorção no infravermelho. Os instrumentos dispersivos com um monocromador são utilizados na região do infravermelho médio para o varrimento espetral e a análise quantitativa. Os instrumentos não dispersivos que utilizam filtros para a seleção do comprimento de onda ou um gás absorvente de infravermelhos no sistema de deteção são frequentemente utilizados para a análise de gases em comprimentos de onda específicos (James 1988).

a- Espectrofotómetros de IV dispersivos:

Os espectrofotómetros de infravermelhos dispersivos modernos são instrumentos de feixe duplo variável, mas muitos permitem o funcionamento com feixe único através de um interrutor no painel frontal. Os instrumentos de feixe simples não são muito práticos na região do infravermelho devido à absorção da radiação infravermelha pelo H2O e CO2 atmosféricos. O funcionamento por feixe duplo compensa a absorção atmosférica, a dependência do comprimento de onda da radiância espetral da fonte, a eficiência ótica dos espelhos e da grelha e a reatividade do detetor, bem como a instabilidade da fonte e do detetor, que pode ser grave na região do infravermelho. Além disso, todos os solventes absorvem na região do infravermelho, o que torna a operação de feixe único algo impraticável, mesmo com o armazenamento do espetro de referência (James 1988).

b- Desenhos de espectrofotómetros dispersivos:

Os modernos espectrofotómetros de infravermelhos dispersivos são invariavelmente instrumentos de feixe duplo. No entanto, muitos permitem o funcionamento com feixe simples através de um interrutor no painel frontal. Os instrumentos de feixe simples não são muito práticos na região do infravermelho devido à absorção da radiação infravermelha pelo H2O e CO2 atmosféricos.

Os espectrofotómetros de infravermelhos podem ser de feixe simples ou de feixe duplo. No espetrómetro de feixe simples, as radiações emitidas pela fonte passam através de uma célula que contém a amostra e através do prisma que dispersa a luz. Os espectrómetros de feixe simples são simples, sensíveis, precisos, versáteis e são utilizados para estudar pormenores. Mas estes instrumentos têm dois inconvenientes:

- quando se pretende registar o espetro da solução, obtêm-se também as bandas de absorção devidas ao solvente, dificultando assim a interpretação das bandas e a identificação dos compostos (James D.ingle.jr, 1988).

- a linha de base, a linha obtida sem a utilização da amostra no trajeto da luz, inclina-se porque a intensidade da fonte muda continuamente com o comprimento de onda (James D.ingle.jr, 1988).

c- Espectrofotómetros de duplo feixe:

Estes são concebidos de forma a que a luz da fonte seja dividida em dois feixes de igual intensidade. Um passa através da amostra e o outro através da referência para compensação (ar ou solvente). Os dois feixes são recombinados num eixo comum e focados alternadamente na fenda de entrada do monocromador. Isto elimina a segunda desvantagem dos espectrofotómetros de feixe único e obtém-se uma linha de base horizontal.

Tabela 2.1: **apresenta os componentes do espetrofotómetro de infravermelhos de feixe duplo**

Radiation Source Condensing Optics and beam chopper	Sampling area	monochromator	detector	Amplifying system	Recorder

d- Componentes do espetrofotómetro de infravermelhos de duplo feixe:

Fonte de radiação - monocromador e material ótico - área de amostragem e detetor

-Fonte de radiação:

A radiação infravermelha é produzida por uma fonte de aquecimento elétrico. O filamento de Nernst é fabricado a partir de um ligante e de óxidos de tório, cério, zircónio e ítrio. O globar é uma pequena barra de carboneto de silício. A radiação máxima para o globar ocorre na região de 5500-5000 1/cm e diminui por um fator de cerca de 600 à medida que se aproxima a região de 600 1/cm. O fio de nicromo, o arco de carbono, o fio de ródio e a lâmpada de filamento de tungsténio
são também utilizados como fontes de luz. A fonte de infravermelhos mais recente é a invenção de
KURT H., que funciona a 2,8 volts e 30 watts. Desenvolve uma temperatura externa de 1200c e fornece energia infravermelha radiante de 4000 1/cm a 400 1/cm (Hons 2001).

-monocromador e material ótico:

A separação das frequências desejadas pode ser conseguida por meio de monocromadores. Para o efeito, são utilizados prismas e grelhas. A maioria dos espectrofotómetros de infravermelhos utiliza prismas de halogenetos de metais alcalinos. Os prismas de LIF ou de CaF2 dão mais resolução na região onde se encontram as vibrações de alongamento significativas. Os espectrómetros de fabrico recente são do tipo grelha. Os prismas, as janelas e as faces das células são cortados a partir de cristais destes materiais ópticos. O material de prisma mais comum é o Na CL para toda a região de 4000-650 1/cm, o KBR cristalino e o Cs Br são satisfatórios para a região do infravermelho distante, enquanto o LIF fornece material de prisma na região do infravermelho próximo (Hons 2001).

O quadro 1 enumera alguns materiais ópticos com os seus limites de transmissão aproximados.

Tabela 2.2 Alguns materiais ópticos

Material	Optimum range (1/cm)		Range for windows (1/cm)	
Potassium bromide	10μ - 25μ	1000 – 400	200mu - 26μ	50000 – 380
Cesium iodide	10μ - 38μ	1000 – 260	1mu - 40μ	1000 – 250
Lithium fluoride	600mu - 6μ	16666-1670	115mu - 7μ	87000 - 1430
Calcium fluoride	200mu - 9μ	50000-1100	125mu - 10μ	80000 - 1000
Barium fluoride	300mu - 13μ	33333-770	200mu – 13.5μ	50000 - 740
Silver chloride	----	-------	10μ - 25μ	1000 – 400
Fused silica	185mu – 3.5μ	5400-03140	185mu - 4μ	5400 - 2500
Glass	300mu - 2μ	333335-000	300mu - 26μ	33333 - 3850

(Hons 2001).

- Amostra:

Os compostos podem ser examinados na fase de vapor como líquido puro, em solução e no estado sólido. As amostras cristalinas podem ser utilizadas para o estudo do dicroísmo no infravermelho e podem ser obtidas informações sobre a geometria molecular e o modo de empacotamento das moléculas na rede (Hons 2001).

A- Amostras gasosas:

O vapor é introduzido numa célula especial. Esta pode ser colocada diretamente no caminho de um dos feixes de infravermelhos. As paredes finais da célula são normalmente feitas de cloreto de sódio, que é transparente aos infravermelhos. A maioria dos compostos orgânicos tem uma pressão de vapor demasiado baixa para que esta fase seja útil. As alterações vibracionais de baixa frequência na fase gasosa dividem frequentemente as bandas vibracionais de alta frequência (Dr.H.KAUR e Hons 2001).

Amostras de líquidos B:

Os líquidos são normalmente manuseados puros, sem solvente, porque todos os solventes têm os seus próprios espectros de absorção. O solvente deve estar seco e ter uma absorção mínima na região infravermelha de interesse. As células são normalmente lavadas, enchidas e esvaziadas com o auxílio de uma célula hipodérmica. Os líquidos altamente viscosos são muitas vezes simplesmente colocados numa célula de areia como uma camada entre duas placas de sal.

É desejável medir os espectros de IV da solução enchendo uma segunda célula da mesma espessura que a célula da amostra com solvente e colocando a segunda célula no feixe de referência. Deste modo, eliminam-se as bandas de absorção dos solventes. Os espectros obtidos em soluções diluídas (1 a 50‰) em solventes não polares são os mais desejáveis, porque são mais bem resolvidos do que os espectros obtidos em sólidos e também porque as forças intermoleculares, que são fortes no estado cristalino, são minimizadas. Pode notar-se que as frequências de estiramento são reduzidas e as frequências de flexão são aumentadas devido à ligação H (Hons 2001).

C-Amostras sólidas:

É utilizada uma grande variedade de técnicas para a medição dos espectros de absorção no infravermelho de materiais sólidos. As amostras sólidas são utilizadas sob a forma de solução, pó, película vítrea ou granulado.

- Sólido em solução. Se o sólido for solúvel num solvente adequado, a sua solução pode ser feita e numa das células para líquidos. No entanto, o número de solventes adequados é limitado e nenhum é totalmente transparente.

-Películas sólidas: as amostras sólidas morfológicas podem ser transformadas em películas a partir de uma solução numa janela de transmissão de infravermelhos ou sólidas fundidas entre placas de sal e deixadas arrefecer até formar uma película. Esta técnica é recomendada para a análise qualitativa rápida, mas não para a análise quantitativa (Hons 2001).

- Técnica do casco:

O método mais cómodo e de encaminhamento é o chamado mulling. O mulling é preparado triturando cuidadosamente 1mg de um sólido num almofariz de ágata liso. A amostra em pó é misturada com um pouco de petróleo com alto ponto de ebulição.

-Técnica de pellets prensados:

Esta técnica baseia-se no facto de o brometo de potássio seco e em pó poder ser prensado sob alta pressão no vácuo para formar discos transparentes. Os discos transparentes resultantes são inseridos num suporte especial do espetrofotómetro. A qualidade do espetro depende da intimidade da mistura e da redução das partículas em suspensão a 2 μ ou menos. É ainda bem adequado e o melhor método geral para a execução de compostos cristalinos é o estado sólido. Em conjunto com o método mull, ele produz mais informações sobre a amostra. Alguns polímeros produzem os seus melhores espectros num disco KBR. A técnica para lidar com polímeros insolúveis e difíceis de triturar devido à sua natureza dura, consiste em fazer um disco KBR a baixa temperatura. A trituração é feita à temperatura do azoto líquido, que torna o polímero quebradiço (Hons 2001).

-técnica de reflexão total atenuada ou reflexão interna:

Esta técnica recente desenvolvida pela FAHRENFORT consiste num prisma (45, 90)

A técnica baseia-se no facto de um feixe de luz que é refletido internamente a partir da superfície do meio transmissor passar uma curta distância para além do limite refletor e regressar ao meio transmissor como parte do processo de reflexão. Se uma amostra de índice de refração inferior ao do meio transmissor for posta em contacto com a superfície reflectora, a luz atravessa o material até à profundidade de alguns microns, produzindo um espetro de absorção (Hons 2001).

-Detetor:

O detetor é um dispositivo que normalmente transforma a energia térmica radiante em energia eléctrica. Os detectores de infravermelhos podem ser selectivos ou não selectivos. Os detectores selectivos são aqueles cuja resposta é marcadamente dependente do comprimento de onda da radiação incidente. Exemplos deste tipo são as fotocélulas, as placas fotográficas, as células fotocondutoras e os fósforos infravermelhos. As células fotocondutoras têm uma resposta rápida e uma elevada sensibilidade. Quando iluminadas por luz infravermelha, estas células apresentam um aumento da condutividade. Os detectores não selectivos são aqueles cuja resposta é diretamente proporcional à energia incidente, mas relativamente independente do comprimento de onda. Exemplos comuns incluem termopares, bolómetros e células pneumáticas.

O termopar é um dos melhores detectores para medir a radiação infravermelha, sendo normalmente fabricado através da evaporação de metais, como o bismuto, o antimónio ou ligas semicondutoras, numa película fina de nitrato de celulose ou outra base de suporte. A energia radiante aquece uma de duas junções bimetálicas.

Embora o bolómetro seja um excelente detetor, emite um sinal elétrico em resultado da alteração da resistência do condutor metálico com a temperatura. A principal vantagem deste tipo é o tempo de resposta mais rápido devido à pequena capacidade térmica.

E a última é a célula detectora pneumática, foi desenvolvida pela GOLAY e é mais adequada quando se trabalha com comprimento de onda maior que 15μ. As suas células consistem em duas células. A primeira célula de três mm é preenchida com gás e conectada a uma célula menor através de um tubo. Uma extremidade do tubo mais pequeno é fechada por um diafragma curvo que actua como um espelho. A radiação incide sobre a primeira célula e o calor é conduzido para o gás. Fazendo com que este se expanda. O que, por sua vez, move o espelho na segunda célula. Um feixe de luz constante de uma lâmpada no interior do detetor pode ser focado no diafragma, que reflecte a luz numa célula fotoeléctrica ligada a um amplificador e a um registador. Recentemente, os detectores são fabricados a partir de cristais, que demoram menos tempo do que outros detectores térmicos. Assim, com estes cristais, a radiação pode ser cortada a uma taxa mais elevada (KAUR 2001).

2-1-17-Funcionamento do espetrofotómetro de duplo feixe:

Dois modelos de instrumentos de feixe duplo, o sistema ótico nulo e o sistema elétrico de rotação do feixe, têm sido amplamente aplicados na região do infravermelho médio. O sistema ótico do espetrofotómetro de feixe duplo é apresentado a seguir:

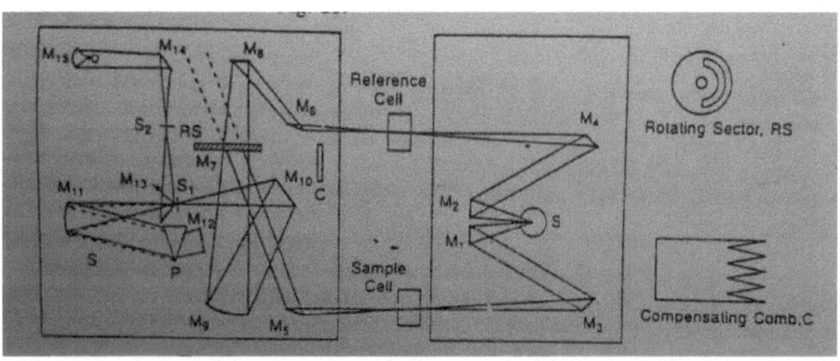

Figura 2.3: Mostra o sistema ótico do espetrofotómetro de feixe duplo (Dr.H.KAUR e Hons 2001).

Fonte e zona de amostragem:

A radiação infravermelha é produzida através do aquecimento elétrico do filamento de Nernst ou do gás Globar. A radiação da fonte é dividida em feixes pelos espelhos m1 e m2. Os dois feixes, o de referência e o de amostragem, são focados na zona de amostragem pelos espelhos m3 e m4. Estes feixes passam então através da célula de referência e da célula de amostragem, respetivamente. As persianas opacas montadas na caixa da fonte permitem o bloqueio de cada um dos feixes independentemente (Hons 2001).

-Fotómetro:

O feixe de referência passa através do atenuador e é refletido pelos espelhos m6 e m8 para o espelho de sector rotativo m7. Este reflecte alternadamente o feixe de referência para fora do sistema ótico e transmite-o ao espelho m9. O feixe de referência é agora um feixe intermitente com uma frequência de 8 e 13 ciclos por segundo. O feixe é focado pelo espelho m10 na fenda s1. O feixe de amostra passa através do comp e é refletido pelo espelho m5 e pelo espelho de sector rotativo m7, que transmite alternadamente o feixe para fora do sistema ótico e o reflecte nos espelhos m9, m10 e na fenda s1. O feixe de referência e o feixe de amostra são então combinados num único feixe de segmentos alternados. Estabelece-se assim uma frequência de comutação no detetor igual à velocidade de rotação do m7. Quando os feixes têm a mesma intensidade, o aparelho encontra-se em situação de nulo ótico. O pente no feixe de amostras permite equilibrar os feixes. A caneta de registo apresenta então uma transmitância de 100% quando não está presente qualquer amostra. Quando o feixe de amostra é absorvido pela amostra, o atenuador é conduzido para o feixe de referência até que a sua intensidade corresponda à do feixe de amostra (Hons 2001).

-Monocromador:

O feixe combinado passa através da fenda de entrada do monocromador s1 para o espelho m11, que se reflecte através do prisma para o ESPELHO DE LITTROW m12. Neste ponto, o feixe é disperso pelo prisma numa gama de frequências. A dispersão é reflectida de novo através do prisma (para aumentar a dispersão) para o espelho m11 e, em seguida, para o espelho m13, que foca o feixe na fenda de saída s2. A largura da gama de frequências focada na fenda de saída s2 é determinada pela largura da fenda de entrada s1 e pelo poder de dispersão do prisma. A gama de frequências focada em s2 é determinada pelo ângulo do espelho LITTROW m12. Assim, a rotação de m12 produz um varrimento das gamas de frequências na saída s2 e, consequentemente, no detetor. O resultado máximo é obtido utilizando o prisma ou a grelha (Hons 2001).

-Detetor:

Depois de deixar a fenda de saída do monocromador, o feixe é refletido por um espelho plano m14 para um espelho elipsoidal m15. Os focos do espelho elipsoidal são a fenda de saída s2 e o detetor. O sinal não equilibrado pode ser amplificado e registado. O detetor detecta qualquer mudança na intensidade da radiação devido à absorção. O sinal amplificado do detetor é utilizado para posicionar o atenuador ótico de modo a que a radiação do feixe de referência e do feixe de amostra sejam mantidas com a mesma intensidade. A quantidade de atenuação necessária é uma medida direta da absorção pela amostra (Hons 2001).

-Limitações:

Embora os espectrofotómetros de feixe duplo estejam equipados com várias melhorias, tais como maior precisão e resolução, maior amplitude de comprimento de onda. Maior versatilidade no que respeita ao modo de apresentação do espetro, mas a limitação mais importante destes instrumentos é a sua lentidão de resposta. São necessários instrumentos de alta velocidade para estudos cinéticos e para a identificação em linha dos constituintes de um sistema em fluxo. A forma óbvia de atingir o objetivo de aumentar a velocidade é equipar um espetrofotómetro convencional para funcionar mais rapidamente (Hons 2001).

2-1-18-Espectrofotómetros avançados:

- Espectrofotómetros de varrimento rápido:

É introduzido com um detetor semicondutor ou piroelétrico arrefecido. O instrumento foi concebido de modo a poder ser diretamente ligado a um cromatógrafo de gás. O gás de transporte enche a célula de referência e o efluente da coluna flui através da célula analítica. Os espectros resultantes possuem uma resolução totalmente adequada para medições quantitativas do cromatógrafo (Hons 2001).

2-1-19 - Espectroscopia de infravermelhos com transformada de Fourier:

Recentemente, um novo método de obtenção de um espetro de infravermelhos envolve a utilização de FTIR ou interferómetro. A luz (cobrindo toda a gama de frequências, tipicamente 5000 - 400 (cm^{-1}) é colimada por uma lente e o divisor de feixe divide a luz em duas partes iguais.

Ou um feixe atravessa a amostra ou ambos passam. Mas um feixe é obrigado a percorrer um caminho mais longo do que o outro. A recombinação de dois feixes produz um padrão de interferência. Alterando sistematicamente a diferença entre as duas trajectórias. Os padrões de interferência alteram-se para produzir um sinal detectado que varia com a diferença de percurso ótico. Este padrão é conhecido como interferograma. No entanto, a transformação de Fourier do interferograma, utilizando um computador, converte-o numa representação gráfica da absorção em função do número de ondas, que se assemelha ao espetro habitual obtido pelo método tradicional. Os interferogramas podem ser bem interpretados com assistência eletrónica ou com um minicomputador digital (HONS 2001).

Existem várias vantagens do FTIR em relação ao método tradicional:

-pelo FTIR é possível medir todo o espetro em poucos segundos, porque não é necessário analisar cada número de onda sucessivamente.

-Uma vez que não depende da fenda e do prisma ou da grelha, é mais fácil obter uma resolução elevada em FTIR sem sacrificar a sensibilidade.

-O FTIR é especialmente útil para examinar pequenas amostras (podem ser adicionados vários exames para reunir) para obter o espetro dos compostos produzidos no fluxo de saída de um cromatógrafo. Por outro lado, o método convencional demora vários minutos e requer a recolha prévia das amostras.

-A forma digital como os dados são tratados no computador permite que o espetro dos compostos puros seja facilmente subtraído do espetro de uma mistura para revelar o espetro de outros compostos da mistura (Hons 2001).

2-1-20-Fotómetros não dispersivos:

Estes instrumentos são amplamente utilizados na monitorização de fluxos de gás e em estudos de poluentes atmosféricos e dependem principalmente da filtragem selectiva para a especificidade. Por exemplo, o gás CO pode ser determinado com êxito na presença de outros gases por fotómetros não dispersivos (Hons 2001).

2-2- ALKAWAL:

É um tipo de especiaria utilizada como um dos subcomponentes para fazer salter, que se utiliza com papas sudanesas, especialmente em relação ao condado de DARFOUR, a oeste do Sudão.

2-2-1 Falsaespécie Senna obtusifolia (L.)

Também conhecido como *grão de café, feijão de Java, Cassia obtusifolia (L.), Cassia tora (L.)* Classificação e descrição

A faveira é um membro da família *Fabaceae* (Leguminoseae) ou do feijão (ervilha). É uma planta anual, herbácea a semi-lenhosa, que se pensa ser nativa dos trópicos americanos. Pode ser encontrada em todo o sudeste dos Estados Unidos. Os cotilédones da foice são arredondados e têm três a cinco veias distintas. Os caules são erectos, ramificados, sem pêlos (glabros) e podem atingir alturas de 1 a 6 pés. A foice tem folhas alternas compostas por 4 a 6 folíolos em forma de ovo e dispostos em forma de pinheiro, o que significa que os folíolos estão opostos uns aos outros

outro. O par de folíolos mais afastado do caule principal é o maior e o par mais próximo do caule é o mais pequeno. Os folíolos em forma de ovo podem ter de 1 a 3,5 polegadas de comprimento. Esta planta daninha reproduz-se por sementes. As sementes acastanhadas estão alojadas em vagens longas (4 - 8 polegadas), em forma de foice e sem pêlos. As vagens são uma estrutura de frutificação típica de uma leguminosa. As flores têm pétalas amarelas distintas e uma ou duas nascem nas axilas das folhas (onde o caule encontra a folha). A vagem tem uma raiz principal robusta. Esta erva daninha pode ser facilmente confundida com a senna do café (*Cassia occidentalis*). No entanto, as folhas da foice são rombas enquanto as da senna do café são pontiagudas (Larry Steckel 2006).

Figura 2.4: folhas da planta Cassia obtusifolia

Imagem: aparecem folhas de Cassia obtusifolia

Factos interessantes:

Embora a foice seja uma leguminosa, não fixa o azoto. *Senna* vem do grego antigo e significa uma planta aromática.

Esta expressão refere-se ao facto de a foice ter um cheiro desagradável quando esmagada. O latim *obtusifolia* refere-se à forma dos folíolos (folhas *obtusas*, rombas e *foliadas* ou folhas rombas W125). As sementes de foice têm propriedades medicinais desde 4000 a.C., quando eram utilizadas como laxantes.

A foice hospeda vários insectos e doenças de importância agrícola, incluindo a ferrugem asiática da soja (*Larry Steckel 2006).*

2-2-2- Método de preparação do kawal:

O método de fermentação do kawal foi efectuado de acordo com Dirar (1993), sendo as folhas verdes primeiramente libertadas de todas as matérias estranhas, tais como folhas de outras plantas, vagens e flores da própria planta kawal, lagartas e folhas danificadas por insectos. Este processo de triagem das folhas de kawal é rigorosamente respeitado e, de facto, esta parte do processo de preparação é a etapa mais fastidiosa, pois requer horas de trabalho meticuloso. Os botões de flores verdes e as vagens jovens e delicadas podem ser transformados juntamente com as folhas verdes. As folhas verdes não lavadas e saudáveis, agora limpas de qualquer adulteração, são25 batidas num almofariz e num pilão para obter uma pasta verde. As folhas verdes não lavadas e sãs, já limpas de qualquer adulteração, são batidas num almofariz e num pilão até se obter uma pasta verde. Na pasta final podem ver-se as folhas, os ramos, as nervuras centrais e os pecíolos parcialmente esmagados. Entretanto, cava-se uma cova no solo, num local fresco e à sombra. Um pote de barro (Burma) é colocado no poço, deixando apenas o gargalo do recipiente acima do solo. A pasta verde é agora colocada manualmente no pote. Em seguida, dobram-se folhas verdes de sorgo sobre a superfície da pasta de folhas na Burma, de forma a cobri-la completamente. Colocam-se, então, pedras lavadas e secas em cima das folhas de sorgo para as fazer pesar. A boca do pote é então coberta com um tabuleiro ou prato de metal e o conjunto é fechado com lama para impedir a entrada de insectos. A cada 3-4 dias o pote é aberto, as folhas de sorgo, agora amarelas e secas, são retiradas e o Burma é cuidadosamente misturado à mão e reembalado, desta vez um pouco solto. Dobram-se folhas frescas de sorgo sobre a superfície da pasta e pesa-se como anteriormente. A Burma é coberta e novamente selada. De seguida, a pasta é moldada em pequenas bolas irregulares ou em bolos achatados, que são secos ao sol durante 3 a 4 dias. A duração da fermentação é de cerca de 15 dias para o abastecimento de uma família média.

2.2.3 Valor nutritivo da *Cassia obtusifolia*:

Cassia obtusifolia não é a única erva leguminosa que se encontra amplamente no Sudão. Mas, em particular, é a única adequada para fazer comida kawal devido ao elevado valor nutritivo da planta (Dirar, 1984). Relativamente ao valor nutricional, foi referido que a planta é rica em cálcio e ferro, excelente fonte de vitamina B e, além disso, contém níveis elevados de fósforo, cinzas, riboflavina e ácido ascórbico. A planta de kawal contém um elevado nível de proteínas. O valor da proteína da folha de kawal parece residir mais na qualidade do que na quantidade, ou seja, contém valores elevados de cisteína e metionina (Taweel, 2003). As folhas de *Cassia obtusifolia* estão certamente entre os materiais vegetais mais ricos no que diz respeito a vários componentes nutricionais da dieta humana. Duke (1981) tabulou a composição química dos feijões, folhas, frutos, inflorescências, rebentos e brotos de mais de 30 plantas leguminosas. A partir das suas tabelas, pode observar-se que as folhas de *Cassia obtusifolia* têm o cálcio e a riboflavina mais elevados de todas as leguminosas listadas. Além disso, as folhas desta planta ocupam o segundo lugar em ferro e beta-caroteno, e o terceiro em cinzas e ácido ascórbico. Além disso, se apenas as folhas forem tomadas em consideração, as de *Cassia obtusifolia* têm os teores mais elevados de fósforo, cálcio, riboflavina e ácido ascórbico de cerca de 16 leguminosas.

2.2.4 Kawal como substituto da carne:

O alimento fermentado tradicional sudanês "kawal", definido como um substituto da carne derivado da fermentação das folhas de *Cassia obtusifolia,* pertence à família dos alimentos de sabor forte da África Ocidental (Dirar, 1993). O papel principal do kawal nas dietas é como substituto da carne, tanto na sua capacidade de fonte de proteínas de alta qualidade como de fonte de sabor a carne (Dirar *et al.*, 1985).

2.2.5 A composição química das folhas de *Cassia obtusifolia* e Kawal:

A composição aproximada do material vegetal consiste na determinação das principais classes de componentes químicos, que incluem a humidade, a fibra bruta, o teor de gordura (extrato etéreo), a proteína bruta, as cinzas e os hidratos de carbono (por diferença). A composição aproximada fornece uma boa impressão inicial do valor nutritivo relativo e da utilidade de um produto agrícola e permite uma base de comparação entre diferentes espécies, partes de plantas e condições de cultivo (Abdel-Rahim, 2004).

Capítulo III

Material e métodos

3-1- Material e aparelhos:

As folhas fermentadas de *Cassia obtusifolia* ou kawal foram obtidas em Forbranga (Sudão ocidental). Foi obtido na forma seca após secagem ao sol e libertado de materiais estranhos e pulverizado por moinho hummer com a mesma dimensão de malha e foi mantido em garrafas limpas à temperatura ambiente para utilização posterior.

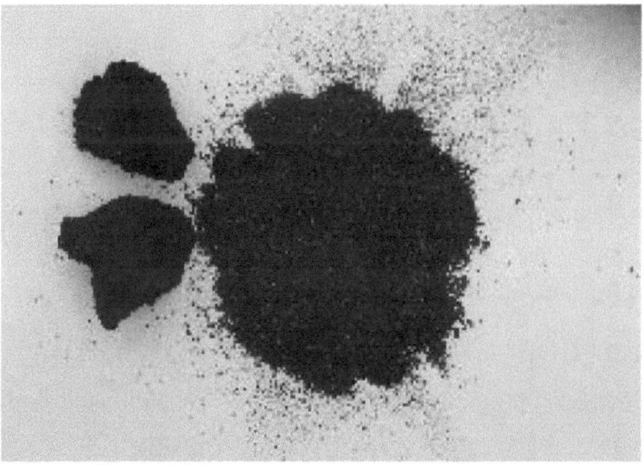

Figura 3.5: **mostra o pó de kawal seco ao sol**

Foi utilizado um espetrómetro de transformador de Fourier para analisar a amostra. O modelo do aparelho foi (FTIR-8400s), da empresa SHIMADZU.

Para a identificação dos teores dos minerais: Ca, Na, K, Mg, P, Zn e Fe, a amostra foi utilizada como uma combussão seca que foi necessária para a espetroscopia atómica: Ca, Na, K, Mg, P, Zn e Fe, a amostra foi utilizada como uma mistura seca necessária para a espetroscopia atómica. Neste instrumento foi utilizado o espetrofotómetro de absorção atómica modelo AA-6800, da empresa SHIMADZU.

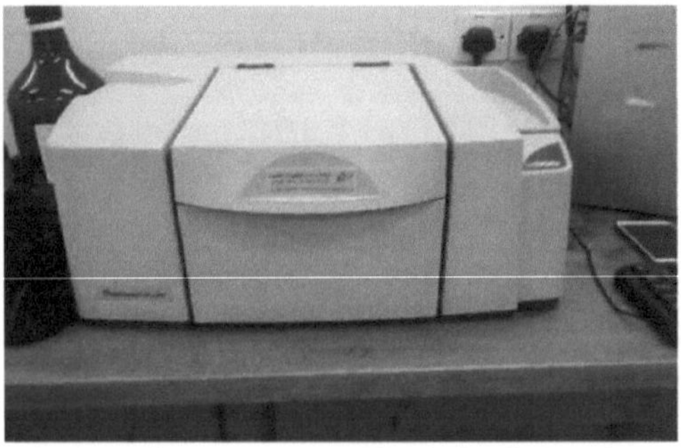

Figura 3.6: **Dispositivo do espetrómetro com transformador de Fourier**

3-2- Método:

3-2-1-Método Um de Análise FTIR:

Nesta experiência, foram utilizados 100 mg de brometo de potássio (KBr). Adicionalmente a 1mg da amostra que foi utilizada como pó seco kawal. Em seguida, o KBr e a amostra foram misturados até se tornarem numa mistura. As amostras da mistura foram comprimidas depois de serem colocadas no pistão e, em seguida, utilizaram-se as amostras da mistura comprimida no espetrómetro de transformador de Fourier, que foi ligado à unidade de controlo do processo (CPU) e ao ecrã de leitura, respetivamente. Para a deteção do conteúdo mineral das folhas de cássia fermentadas:

3-2-2-Método Dois Métodos de digestão:

Foi utilizado o método de digestão de Ca, Na, K, Mg e P, em que a amostra foi digerida em HNO3/HCl4 e os elementos foram detectados por espetroscopia de plasma indutivamente acoplado (ICPS). O aparelho utilizado foi um aquecedor, um tubo de ensaio e frascos. Pesou-se 2 g de amostra em tubos de ensaio, adicionou-se 8 ml de HNO3 aos tubos de ensaio, cobriu-se com uma bola de vidro e deixou-se repousar durante a noite, adicionou-se outro HNO3 que produzia fumos, de preferência na câmara, adicionou-se 3 ml de ácido HClO4 e aqueceu-se lentamente até ficar quase seco. Em seguida, retirou-se a esfera de vidro e aqueceu-se fortemente até os fumos brancos desaparecerem, os tubos foram arrefecidos e adicionaram-se 5 ml de 0,1 NHCl e ferveu-se suavemente durante 30 minutos, depois de se deixar arrefecer a solução foi transferida para um balão de 50 ml. Os tubos foram lavados com 10 ml de HCl 0,1N e fervidos suavemente durante 10 minutos, a solução foi vertida no balão anterior e enchida até à marca de 50 ml com HCl 0,1N, tendo sido registadas as leituras ICP.

3-2-3-Método Três Método de espetroscopia atómica:

Para a análise do ferro e do zinco, utilizou-se o método de espetroscopia atómica após a combinação da amostra, com os seguintes pormenores, daí os primeiros valores para o ferro e os segundos para o zinco, respetivamente. os parâmetros ópticos: corrente baixa da lâmpada (Am) (12 e 8), comprimento de onda (nm) 248,3 e 213,9, largura da fenda (nm) (0,2 e 0,5) e modo da lâmpada BGC-D2. Enquanto o atomizador/fluxo de gás está configurado: caudal de gás combustível (L/min) (2,2 e 2), tipo de chama Ar-C2H2, altura do queimador (mm) (9 e 7), posição lateral do queimador (impulso) 0 e ângulo do queimador (grau) 0. Os parâmetros de medição são: ordem primeira, interceção zero não, unidade mg/L, sequência de repetição SM-M-M-...., tempo de pré-pulverização (seg.) 3, tempo de integração (seg.) 5 e tempo de resposta 1.

Capítulo IV

Resultados e discussões

4-1-Resultados e debate:

O espetro FTIR das folhas fermentadas de Cassia obtusifolia obtido consiste em várias regiões de frequências que levam à identificação do grupo de moléculas. A composição química do kawal fermentado é apresentada na figura 4.1, que se segue. O kawal é constituído por vários tipos de moléculas com três grupos funcionais. Na função de grupo de halogeneto de alquilo encontrou-se C- Br que tem uma forte intensidade de estiramento de vibração, C-CL com forte intensidade de movimentos de estiramento, e C-F molecular com as mesmas prescrições. Enquanto o grupo alceno é constituído por C-H com modo de vibração forte de flexão, os dois alcenos -C-H têm modo de vibração de flexão mas a sua intensidade é variável, os três alcenos C=C têm intensidade variável com movimento de estiramento e os dois C-H com modo de vibração forte de estiramento. As frequências de absorção também foram N-O que pertencem ao grupo de função nitro com modo de vibração de estiramento e intensidade forte. O C=C é uma molécula aromática, com modo de vibração de estiramento e a sua intensidade é média fraca ou bandas múltiplas. C=O é uma carbonila com estiramento forte. O-H é uma estrutura alcoólica que tem estiramento, vibração de ligação H e intensidade forte e larga. Os dois C-O são grupos funcionais de ésteres com modo de vibração de estiramento e 2 ligações ou mais intensidade. O éter C-O com as mesmas descrições do éster. O ácido C-O estiramento forte intensidade de vibração. E, por último, as duas amidas N-H têm modos de vibração de flexão e a sua intensidade é média (John Wiley and sons 1981).

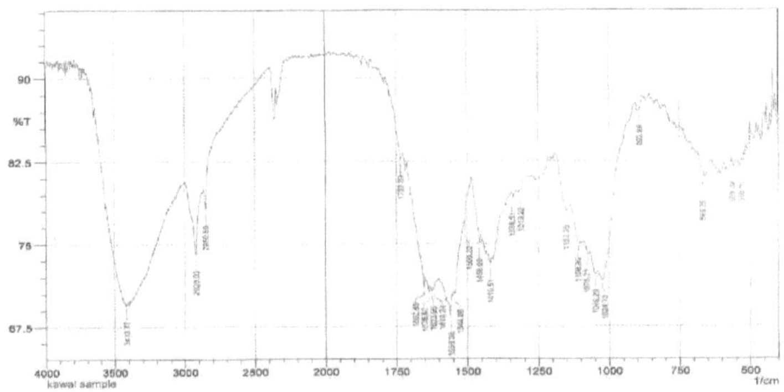

	Peak	Intensity	Corr. Intensity	Base (H)	Base (L)	Area	Corr. Area
1	538.1	81.886	0.716	545.82	528.46	1.475	0.034
2	559.32	81.903	0.759	565.1	551.6	1.148	0.031
3	669.25	80.177	1.669	686.61	665.4	1.819	0.037
4	892.98	87.015	0.196	894.91	879.48	0.885	0.005
5	1024.13	71.664	2.695	1039.56	929.63	11.528	0.268
6	1049.2	72.192	0.852	1066.56	1039.66	3.726	0.08
7	1076.21	74.007	0.368	1095.49	1070.42	3.195	0.009
8	1108.99	75.032	0.231	1137.92	1107.06	3.555	0.011
9	1153.35	77.954	1.945	1190	1137.92	5.083	0.266
10	1319.22	79.599	0.524	1326.93	1294.15	3.147	0.05
11	1338.51	79.136	0.539	1344.29	1326.93	1.726	0.017
12	1419.51	73.143	0.428	1421.44	1413.72	1.035	0.000
13	1458.08	74.987	1.069	1461.94	1454.23	0.94	0.023
14	1508.23	76.159	1.64	1512.09	1500.52	1.257	0.021
15	1544.88	70.425	0.551	1546.8	1512.09	4.557	-0.037
16	1558.38	68.399	1.715	1566.09	1552.59	2.14	0.064
17	1616.24	70.792	0.536	1620.09	1612.38	1.143	0.011
18	1623.95	70.726	0.399	1631.67	1620.09	1.728	0.017
19	1635.52	70.569	0.771	1643.24	1631.67	1.716	0.025
20	1652.88	71.031	1.253	1681.81	1650.95	4.056	0.074
21	1733.89	82.593	1.191	1747.39	1728.1	1.492	0.045
22	2850.59	78.086	3.061	2866.02	2819.73	4.276	0.215
23	2920.03	74.036	6.043	2997.17	2877.6	13.024	1.574
24	3413.77	69.479	0.18	3417.63	3407.98	1.519	0.006

Comment;
kawal sample

Date/Time: 11/15/2016 10:49:57 AM
No. of Scans: 20
Resolution: 4 [1/cm]
Apodization: Happ-Genzel

Figura 4.1: Espectro FTIR do kawal

Os minerais (Cálcio, Magnésio, Fósforo, Sódio e Potássio) do kawal fermentado são indicados no quadro abaixo, daí a indicação em bruto para o elemento mineral e a outra para a quantidade de base %

Quadro 4.3: Teor de elementos minerais do kawal

The element	Amount of kawal
Calcium	2.50%
Magnesium	0.66%
Phosphorus	0.396%
Sodium	0.165%
Potacium	1.595%

Os minerais foram extraídos das amostras pelo método de espetroscopia de plasma indutivamente acoplado. Verificou-se a presença de cálcio em cerca de 2,50% e os outros minerais são: mg 0,66%, P 0,396%, Na 0,165% e K cerca de 1,595%.

As folhas fermentadas de *C. obtusifolia* contêm os principais elementos necessários ao corpo humano (ver Quadro 4.4). Outros relatórios mostraram que as amostras obtidas do Chade tinham geralmente uma maior quantidade de elementos em comparação com as da forbranga (Dirar et al., 1985). Parece que a localização das espécies de Cassia e os seus ambientes têm efeitos sobre os constituintes químicos. A matéria mineral compreende um grande número de elementos inorgânicos presentes nos géneros alimentícios em quantidades variáveis. Reconhece-se que algumas partes destes elementos desempenham funções essenciais na nutrição humana; por conseguinte, devem ser fornecidos de forma consensual pelos alimentos moles. Assim, 14 elementos minerais diferentes são essencialmente necessários ao corpo humano para uma boa saúde e crescimento (Wilson, 1967); Ca, P, K, Mg, Na, S e Cl são necessários em quantidades apreciáveis.

O quadro 4.5, que se segue, mostra o teor de Zn e Fe extraído da cassia obtusifolia fermentada.

Tabela 4.5: mostra o teor de Zn e Fe da amostra Mg/L

Mineral	Content
Zn	0.6655
Fe	15.6411

Os valores de Ferro e Zinco obtidos são mostrados na tabela acima, onde se verifica que o teor de Ferro é de 0,6655 e o teor de Zinco é de 15,6411.

4-2-Conclusões:

Em conclusão, a composição química das folhas secas fermentadas de Cassia obtusifolia foi caracterizada utilizando espetroscopia FTIR e verificou-se que este material é constituído por halogenetos de alquilo, alcenos e aminas.

4-3-Recomendação:

1- A escassez aguda de carne e de proteínas animais nos países em desenvolvimento tornou necessário que o consumidor dependesse fortemente das proteínas das leguminosas (especialmente do kawal), que são ricas em proteínas, vitaminas B, fibras alimentares e conteúdo mineral.

2- A atenção deve ser direccionada para novos métodos de processamento e utilização do kawal.

3- Devem ser efectuados mais estudos sobre os componentes do sabor e os constituintes com mau cheiro.

4- São necessários estudos espectroscópicos mais pormenorizados para investigar o efeito da fermentação do kawal nas alterações dos atributos físicos.

Referências:

Abdel-Rahim, (2004). *Effect of processing on anti-nutritional factors and in vitro protein digestibility of Faba bean (vica faba)*" - Universidade de Cartum, Sudão.

Algadi yousif (2015). - *'anii factores nutricionais de folhas verdes de cassia obtusifolia e kawal'* - ciência e tecnologia alimentar Khartoum Sudão. 69.

Dr. H.KAUR e Dr. Hons (2001)-' *Espectroscopia*'- K.K. Mittal

Dr. Shardendu Kisala- "*Espectroscopia*".

H. A. Dirar, (1993). ' *The Indigenous Fermented Food of the Sudan.* A *study in African Food and Nutrition'* CAB International, Wallingford.

H. A. Dirar; Harper, D. B. e Collins, M. A. (1985). *'Biochemical and microbiological studies on Kawal, a meat substitute derived by fermentation of Cassia obtusifolia leaves'*- Journal of the Science of Food and Agriculture. 63: 881-892.

Helmt Gunzler, Dr. Hons Ulrich Gremlich (2002) - *"Introdução à espetroscopia de infravermelhos"* - Wiley-VCH Verlag GMBH

J. K. Duke, (1981). *'Handbook of Legumes of World Economic Importance"* - Plenum Press, Nova Iorque, pp. 199-265

John Wiley and sons (1981) - "*Identification of organic compounds*"- 4th .ed Nova Iorque

Larry Steckel-UT Extenssion (2006).

Mbailao MBAIGUINAM, YAYA MAHMOUT, Minpereum TARKODJIEL, Merbard Delobel e Jean-Marie BESSIERE (2005) - *'constituintes do kawal, folhas fermentadas de cassia obtusifolia, um alimento tradicional do Chade'* - Revista Africana de Biotecnologia VOL. 4(10). 1080-1083.

Mutasim Zean-Alabdeen (2014). - *"O efeito da fermentação na qualidade nutricional das folhas de cassia obtusifolia (kawal)"* - Universidade Islâmica de Omdurman. Sudão.

Nuha.M.O, Isam.A.M.A e Alfadil.E.B. (2010).- *'composição química, antinutrientes e minerais extraíveis de folhas de cássia e kawal'* - jornal internacional de investigação alimentar. 775-785.

MIX
Papier aus verantwortungsvollen Quellen
Paper from responsible sources
FSC® C105338

Printed by Books on Demand GmbH, Norderstedt / Germany